ISBN 978-3-662-23115-9 ISBN 978-3-662-25085-3 (eBook)
DOI 10.1007/978-3-662-25085-3

Die in den Sitzungsberichten Abtlg. I und Abtlg. II der math.-nat. Klasse der Österr. Ak. d. Wiss. erscheinenden Abhandlungen werden auch einzeln abgegeben. Sie können durch jede Buchhandlung oder direkt durch die Auslieferungsstelle der Österreichischen Akademie der Wissenschaften (Wien I, Singerstraße 12) bezogen werden.

Nachfolgende Abhandlungen aus den Fächern **Geologie, Mineralogie** und **Geographie** sind erschienen:

1959 (S I Bd. 168):

Flügel Helmut und Maurin Viktor: Ein Vorkommen vulkanischer Tuffe bei Eibiswald (Südweststeiermark). S 4.50

Hanselmayer Josef: Beiträge zur Sedimentpetrographie der Grazer Umgebung XI. Petrographie der Gerölle aus den pannonischen Schottern von Laßnitzhöhe, speziell Grube Griessl (mit 6 Figuren auf 3 Tafeln). S 40.10

Leischner Winfried: Zur Mikrofazies kalkalpiner Gesteine (mit 17 Textabbildungen, davon 1 auf einer Beilage und 6 Tafeln). S 52.40

Mitzopoulos M.: Erster Nachweis von Gosauschichten in Griechenland (mit 3 Textabbildungen und 2 Tafeln). S 16.30

Sander Bruno: Beiträge zur morphologischen Kennzeichnung der Erde. S 89.—

Thurner Andreas: Die Geologie des Gebietes zwischen Neumarkter und Perchauer Sattel (mit 5 Textabbildungen). S 15.50

1960 (S I Bd. 169):

Hanselmayer J.: Beiträge zur Sedimentpetrographie der Grazer Umgebung XIII. Ein „Andesit-Gerölle" aus der Sandgrube in Dornegg bei Nestelbach-Schemerl (mit 2 Abbildungen auf 1 Tafel). S 11.—

Hanselmayer J.: Beiträge zur Sedimentpetrographie der Grazer Umgebung XIV. Petrographie der Gerölle aus den pannonischen Schottern von Laßnitzhöhe, speziell Grube Griessl (mit 4 Textabbildungen und 2 Tafeln). S 20.—

1961 (S I Bd. 170):

Hanselmayer Josef, Beiträge zur Sedimentpetrographie der Grazer Umgebung XV. Petrographie der pannonischen Schotter von Hönigthal (mit 1 Textabbildung und 1 Tafel). S 170—11, S 26.90

Hanselmayer Josef, Beiträge zur Sedimentpetrographie der Grazer Umgebung XVI. Ein massiges, grünlichgraues Porphyroidgerölle aus den pannonischen Schottern von der Platte-Graz (mit 1 Tafel). S 170—30, S 9.—

Vaché Raimund, Prädiluviale Hochgebirgsbrekzien im mittleren Wettersteingebirge (mit 3 Textabbildungen und 1 Beilage). S 170—31, S 15.—

1962 (S I Bd. 171):

Hanselmayer Josef, Beiträge zur Sedimentpetrographie der Grazer Umgebung XVII. Fund eines Lazulith-Quarzfels-Gerölles im Würmglazialschotter von Graz (Don Bosko) (mit 4 Abbildungen auf 1 Tafel) 171—1, S 9.—

Hanselmayer Josef, Beiträge zur Sedimentpetrographie der Grazer Umgebung XVIII. Erster Einblick in die petrographische Zusammensetzung steirischer Würmglazialschotter (speziell Schottergrube Don Bosko, Graz) (mit 4 Abbildungen auf 2 Tafeln) 171—3, S 47.—

Kaumanns M., Zur Stratigraphie und Tektonik der Gosauschichten. II. Die Gosauschichten des Kainachbeckens (mit 8 Abbildungen und 3 Tafeln) 171—17, S 50.—

Kristan-Tollmann Edith und Tollmann Alexander, Die Mürzalpendecke — eine neue hochalpine Großeinheit der östlichen Kalkalpen (mit 1 Abbildung) 171—2, S 37.—

Schoklitsch Karl, Untersuchungen an Schwermineralspektren und Kornverteilungen von quartären und jungtertiären Sedimenten des Oberpullendorfer Beckens (Landseer Bucht) im mittleren Burgenland 171—4, S 124.—

Tollmann Alexander, Die Frankenfelser Deckschollenklippen der Grestener Klippenzone als Typus tektonischer Deckschollenklippen 171—6, S 12.—

Winkler-Hermaden Arthur, Die jüngsttertiäre (sarmatisch-pannonisch-höherpliozäne) Auffüllung des Pullendorfer Beckens (= Landseer Bucht E. Sueß') im mittleren Burgenland und der pliozäne Basaltvulkanismus am Pauliberg und bei Oberpullendorf — Stoob (mit 5 Textabbildungen, 5 Tafeln mit je zwei Lichtbildern in Schwarzdruck und 3 Tafeln in Farbdruck) 171—5, S 84.—

Revision der triadischen Bryozoen und Tabulaten

Von Erik Flügel

Institut für Geologie und Technische Gesteinskunde der Technischen Hochschule Darmstadt

Mit 3 Tabellen im Text

(Vorgelegt in der Sitzung am 27. Juni 1963)

Es wird das Ergebnis einer Neubearbeitung der aus der Trias beschriebenen Bryozoen und „Tabulaten" vorgelegt. Die Bryozoen sind durch Cyclostomata (13 Arten, 4 Gattungen) und Trepostomata (9 Arten, 7 Gattungen) vertreten. Die Trepostomata sterben nicht am Ende des Perm aus, sondern erst in der Ober-Trias. Auch unter den Tabulaten bzw. Tabulozoen finden sich in der Trias persistierende Formen (Favositidae, Chaetetidae). Eine ausführliche Darstellung der Revision ist vorgesehen.

A revision of all Triassic Bryozoa and "Tabulata" is presented. In the Triassic the Bryozoa are represented by Cyclostomata (13 species, 4 genera) and Trepostomata (9 species, 7 genera). Trepostomata did not become extinct by the end of the Permian but during the Upper Triassic. Similar features can be stated with Tabulata or Tabulozoa represented by Favositidae and Chaetetidae. A description of all forms follows in due course.

Einleitung

Die Bestimmungen von triadischen Bryozoen werden durch den Umstand erschwert, daß die wenigen einschlägigen Arbeiten revisionsbedürftig sind. Bei der Mehrzahl der aus der Trias bekannten Formen handelt es sich um monotypische Arten (Tab. 1), die oft auf schlecht erhaltenes Material begründet und von den älteren Autoren zumeist noch ohne Dünnschliffe untersucht wurden.

Es erschien daher notwendig, alle noch vorhandenen und entlehnbaren Originale zu untersuchen, um die Diagnose der Arten zu überprüfen und die in der Erstbeschreibung nicht berücksichtigten Merkmale kennenzulernen (Feinstruktur der Zooecien-Wände etc.).

Einige Arten können ohne Untersuchung der Originale nicht verifiziert werden; bei mehreren Arten ist es infolge ungünstiger Erhaltung fraglich, ob es sich um Bryozoen handelt. In der älteren Literatur ist die Trennung von Bryozoen und Tabulaten nicht immer genau durchgeführt; so wurden zum Beispiel die heute zu den trepostomen Bryozoen gerechneten Gattungen *Monotrypa* und *Monticulipora* früher vielfach als Tabulaten angesehen, was auf die grundlegenden Arbeiten von Nicholson (1879, 1882) zurückgeht.

Tabelle 1. Umfang des den Typen und Abbildungsoriginalen zugrunde liegenden Belegmaterials

Zahl der Exemplare	Typen	Abbildungsoriginale und Belegmaterial
1	34	7
2	6	1
3—6	3	2
mehr als 6	11	1

Um alle aus der Trias beschriebenen Bryozoen zu erfassen, mußten daher die als Tabulaten bezeichneten Arten ebenfalls in die Revision einbezogen werden. Hierbei zeigte es sich, daß auch in der Trias echte Tabulaten vorhanden waren (Favositiden, Chaetetiden). Schwierigkeiten in der systematischen Zuordnung dieser, aus tabulierten Zellröhren aufgebauten Formen lassen jedoch die neutralere Bezeichnung Tabulozoen (O. Kühn 1942: 116) angebrachter erscheinen.

Durch das Entgegenkommen von Prof. Dr. R. Dehm und Dr. H. K. Zöbelein (München), Prof. Dr. C. A. Fleming (Lower Hutt, Neuseeland), Dir. Dr. J. Fülöp, Dr. E. Szörenyi und Dr. E. Végh-Neubrandt (Budapest) und Prof. DDr. O. Kühn (Wien) konnten die Originale zu folgenden Arbeiten untersucht werden:

Haas 1909 (Zlambach-Schichten der Nordalpen), Münster 1841 (Cassianer Schichten der Südalpen), K. Papp 1900, 1902 (Veszpremer Schichten, West-Ungarn), Toula 1890 (Ober-Trias von Kotel, Bulgarien), Vinassa de Regny 1901 (Veszpremer Schichten,

West-Ungarn) und 1915 (Ober-Trias von Timor), WOEHRMANN 1889 (Raibler Schichten der Nordalpen), WILCKENS 1927 (Trias von Neuseeland).

Von besonderem Wert war die Untersuchung der von VINASSA DE REGNY (1901) aus den Veszpremer Mergeln beschriebenen Arten, von denen durch Anfertigung neuer Dünnschliffe der größere Teil verifiziert werden konnte. Ebenso wichtig war die Neubearbeitung der Bryozoen und Tabulaten aus der Trias von Timor (VINASSA DE REGNY 1915), deren Originale Prof. Dr. H. K. ERBEN (Bonn) zur Verfügung stellte.

Umfangreiches Vergleichsmaterial stammt aus den Zlambach-Schichten der Nordalpen und aus der Trias von Neuseeland.

Die Arbeit wurde an der Geol.-Paläont. Abteilung des Naturhistorischen Museums in Wien durchgeführt.

Allen genannten Damen und Herren sei für ihre Unterstützung herzlich gedankt.

Übersichtsliste der triadischen Bryozoen und Tabulozoen

Die Beschreibung und Abbildung aller aus der Trias bekannten Bryozoen und Tabulozoen wird an anderer Stelle erfolgen.

Die nachfolgende Liste bringt eine Zusammenstellung der aus der Trias bekannten Arten und gibt einen Überblick über die Ergebnisse der Revision.

Beaumontia? haasi WEISSERMEL 1926: 93. Ober-Trias (Rhätische Zlambach-Schichten): Fischerwiese bei Alt-Aussee, Steiermark. — Von HAAS (1909: 159) als *Michelinia?* sp. beschrieben. Das Original (Paläont. Inst. Univ. Wien) dürfte verschollen sein[1]. — Gegen die Zuordnung zu *Beaumontia* bzw. zu den Micheliniinae sprechen das Fehlen einer phaceloiden Wuchsform und das Fehlen von Wandporen. Die Originalbeschreibung und der hohe Kelchdurchmesser deuten darauf hin, daß es sich möglicherweise um Tabulaten handelt.

Berenicea cf. *diluviana* LAMX. — OSSWALD 1924: 122. Ober-Trias (Rhätische Kössener Schichten): Risserkogel-Gebiet, S Tegernsee, Bayern. — Belegmaterial in Verlust geraten.

[1] Nach Abschluß des Manuskriptes wurde mir durch das freundliche Entgegenkommen von Herrn Dr. H. ZANKL (Techn. Univ. Berlin) das im Wiener Paläont. Institut wiederum aufgefundene Original von *Michelinia ?* sp. zugänglich. Es handelt sich aller Wahrscheinlichkeit nach um eine umkristallisierte, verdrückte Korallen-Kolonie aus der Verwandtschaft von *Coccophyllum* REUSS. „*Beaumontia ? haasi*“ ist daher in Tabelle 3 zu streichen.

Berenicea hybensis Prantl 1938: 262, Abb. auf S. 262. Ober-Trias (Rhätische Kössener Schichten): Tal der Weißen Waag, SW Hybe, Tatra, ČSR. — Wahrscheinlich zu *Berenicea* gehörend.

Bryozoen? — Ogilvie-Gordon 1934: 73, Taf. 5, Fig. 4. Untere Mittel-Trias (Mendola-Dolomit, Illyr): Westhang des Val di Cadore, Südtiroler Dolomiten. — Nach Abbildung und Beschreibung Algen, sehr wahrscheinlich Codiaceen.

Calamopora? cnemidium Klipstein 1843: 285, Taf. 19, Fig. 15a, b, c, 16a, b. Obere Mittel-Trias (Cassianer Schichten, Ober-Ladin): St. Cassian, Südtiroler Dolomiten. — Bei den auf Taf. 19, Fig. 16a, b, abgebildeten Formen dürfte es sich um Schwämme handeln, das übrige Material ist zur Gattung *Ceriopora* zu stellen.

Catenipora orbignyana Klipstein 1843: 287, Taf. 19, Fig. 19a, b. Obere Mittel-Trias (Cassianer Schichten, Ober-Ladin): St. Cassian, Südtiroler Dolomiten. — Original verschollen. Möglicherweise Bryozoen aus dem Formenkreis von *Ceriopora*.

Catenipora spongiosa Klipstein 1843: 288, Taf. 19, Fig. 20a, b. Obere Mittel-Trias (Cassianer Schichten, Ober-Ladin): St. Cassian, Südtiroler Dolomiten. — Original verschollen. Möglicherweise Bryozoe.

Cellepora granulata Münster 1841: 32, Taf. 1, Fig. 28. Obere Mittel-Trias (Cassianer Schichten, Ober-Ladin): St. Cassian, Südtiroler Dolomiten. — Nach der Untersuchung des Originalmaterials (Bayrische Staatssammlung Paläont. Histor. Geol. München) handelt es sich um nicht näher bestimmbare inkrustierende Bryozoen.

Ceriopora alpina Klipstein 1843: 286, Taf. 19, Fig. 17a, b. Obere Mittel-Trias (Cassianer Schichten, Ober-Ladin): St. Cassian, Südtiroler Dolomiten. — Original verschollen. Möglicherweise Bryozoe.

Ceriopora baconica Vinassa de Regny 1901: 18, Taf. 2, Fig. 5 bis 7. Untere Ober-Trias (Veszpremer Schichten, Tuval, Ober-Karn): Jeruszálemhegy in Veszprém, West-Ungarn. — Nach der Untersuchung des Originals (Ungarische Geol. Anstalt Budapest) ist die Zuordnung zu *Ceriopora* nicht gesichert, da die Wandstruktur nicht deutlich zu erkennen ist.

Ceriopora böckhiana Vinassa de Regny 1901: 17, Taf. 2, Fig. 13—15. Untere Ober-Trias (Veszpremer Schichten, Tuval, Ober-Karn): Jeruszálemhegy in Veszprém, West-Ungarn. — Original nicht zugänglich. Da keine Diaphragmen vorhanden sind, kann die Art nicht zu *Ceriopora* gehören, eher zu *Heteropora*.

Ceriopora, cnemidium (Klipstein). — Woehrmann 1889: 196, Taf. 5, Fig. 21, 21a. Untere Ober-Trias (Cardita-Oolith, Ober-Jul, Unter-Karn): Reps, Halleranger bei Hall, Tirol. — Nach der Untersuchung der Originale (Bayrische Staatssammlung Paläont. Histor. Geol. München) artgleich mit der von KLIPSTEIN beschriebenen Form.

Ceriopora cnemidium (KLIPSTEIN). — VINASSA DE REGNY 1901: 16, Taf. 2, Fig. 19. Untere Ober-Trias (Veszpremer Schichten, Tuval, Ober-Karn): Eisenbahnstrecke Veszprém—Jutas, West-Ungarn. — Belegmaterial nicht zugänglich. Nicht verifizierbar, da nur eine Kolonie abgebildet ist, der Durchmesser ist größer als in der Diagnose der Art angegeben.

Ceriopora cnemidium (KLIPSTEIN). — OSSWALD 1924: 122. Ober-Trias (Rhätische Kössener Schichten): Risserkogel-Gebiet, S Tegernsee, Bayern. — Belegmaterial verschollen. Nach Beschreibung kein Vergleich mit *C. cnemidium* möglich.

Ceriopora cnemidium (KLIPSTEIN). — OSSWALD 1930: 735. Ober-Trias (Rhätische Kössener Schichten): Risserkogel-Gebiet, S Tegernsee, Bayern. — Belegmaterial verschollen. Nach Beschreibung keine *Ceriopora.*

Ceriopora cnemidium (KLIPSTEIN). — KÜHN 1935: 127. Obere Mittel-Trias: Schneckenberg bei Brasov, Rumänien. — Belegmaterial (Geol. Inst. Univ. Bukarest) nicht entlehnbar. Daher nicht überprüfbar.

Ceriopora cnemidium (KLIPSTEIN). — HUCKRIEDE 1959: 55. Untere Ober-Trias (Raibler Schichten, Tuval, Ober-Karn): N Kridlonsee, Lechtaler Alpen, Tirol. — Mit *C. cnemidium* vergleichbar (Belegmaterial Geol.-Paläont. Inst. Univ. Marburg/Lahn).

Ceriopora flabellum VINASSA DE REGNY 1901: 18, Taf. 2, Fig. 16—18. Untere Ober-Trias (Veszpremer Schichten, Tuval, Ober-Karn): Jeruszálemhegy in Veszprém, West-Ungarn. — Nach Untersuchung des Originals (Ungarische Geol. Anstalt Budapest) möglicherweise zu *Heteropora* zu stellen.

Ceriopora pannonica K. PAPP 1900: 22, Abb. 3—4, Taf. 1, Fig. 6. Untere Ober-Trias (Veszpremer Schichten, Tuval, Ober-Karn): Veszprém, West-Ungarn. — Nach Untersuchung des Originals typische *Ceriopora* (multiporöse Wandstruktur, Gleichwertigkeit der Zooecien, seltene Diaphragmen).

Ceriopora pannonica K. PAPP. — VINASSA DE REGNY 1901: 17. Untere Ober-Trias (Veszpremer Schichten, Tuval, Ober-Karn): Veszprém, West-Ungarn. — Belegmaterial nicht zugänglich.

Ceriopora spongicola VINASSA DE REGNY 1901: 17, Taf. 2, Fig. 8—9. Untere Ober-Trias (Veszpremer Schichten, Tuval, Ober-Karn): Jeruszálemhegy in Veszprém, West-Ungarn. — Wahrscheinlich zu *Ceriopora* gehörend (Beschreibung von radial angeordneten Elementen in den Zellwänden, = multiporöse Wandstruktur?). Original (Ungar. Geol. Anstalt Budapest) nicht zugänglich.

Ceriopora (*Ramia*) *elegantula* GREGORIO 1930: 27, Taf. 6, Fig. 19—22. Ober-Trias: Sizilien. — Original nicht zugänglich. Beschreibung und Abbildung völlig mangelhaft, species dubium, vgl. S. 239.

Ceriopora (*Reptomulticava*) *spongiformis* TOULA 1890: 348, Taf. 6, Fig. 21a, b, c. Ober-Trias (Nor oder Rhät): Kotel, nordöstlich Sliven, Bulgarien. — Original (Geol.-Paläont. Abteilung Naturhist. Mus. Wien) infolge schlechter Erhaltung nicht verifizierbar. Möglicherweise Chaetetiden.

Ceriopora (*Reptomulticava*) cf. *micropora* D'ORBIGNY. — TOULA 1890: 348, Ober-Trias (Nor oder Rhät): Kotel, nordöstlich Sliven, Bulgarien. — Belegmaterial (Geol.-Paläont. Abteilung Naturhist. Mus. Wien) infolge schlechter Erhaltung nicht verifizierbar, vielleicht Chaetetiden.

Chaetetes asiaticus VINASSA DE REGNY 1932: 194, Taf. 18, Fig. 14, Abb. 3. Ober(?)-Trias: Nördlicher Karakorum, Profil P. 5814 m, Tibet, Zentralasien. — Original angeblich in Berlin (Paläont. Inst. Humboldt-Univ.), wahrscheinlich verschollen. Nach der Beschreibung möglicherweise Algen (Solenoporaceen).

Chaetetes chaetetiformis (VETTERS). — C. RENZ 1933: 31. Ober-Trias (Ober-Karn bis Unter-Nor): Kykladeninsel Amorgos, Griechenland. — Aufbewahrungsort des Belegmaterials unbekannt, daher nicht verifizierbar. *C. chaetetiformis* wurde ursprünglich aus dem Jungmesozoikum von Dalmatien beschrieben.

Chaetetes deterrai GERTH 1938: 235, Taf. 15, Fig. 10—11. Ober(?)-Trias: Bod Karbu, nordwestlicher Himalaya, Zentralasien. — Aufbewahrungsort des Originals unbekannt. Nach Abbildung und Beschreibung eine Art von *Chaetetes*. Das stratigraphische Niveau der Fundschicht ist nicht gesichert; *C. deterrai* steht jurassischen Chaetetiden (*C. beneckei* HAUG, *C. wähneri* HERITSCH) nahe.

Chaetetes recubariensis SCHAUROTH 1855: 499, Taf. 1, Fig. 2a, b, c. Untere Mittel-Trias (Trigonellen-Schicht, unterstes Pelson, mittlerer Alpiner Muschelkalk, Mittel-Anis): Val del Rotolone bei Recoaro, Vicentin, Italien. — Original verschollen. Nach Abbildung und Beschreibung der Gattung *Batostomella* ULRICH zuzuordnen. *B. recubariense* besitzt Zoarien aus langen, radial angeordneten Autoporen und Acanthoporen; die Zooecienwände sind konturiert und setzen sich aus gebogenen Lamellen zusammen. Die dünnen und gebogenen Diaphragmen sind weit gestellt.

Chaetetes recubariensis SCHAUROTH. — SCHAUROTH 1859: 284. — Neubeschreibung des Originals.

Chaetetes recubariensis SCHAUROTH. — BENECKE 1868: 38, Taf. 3, Fig. 1a, b. Untere Mittel-Trias (Unterstes Pelson, mittlerer Alpiner Muschelkalk, Mittel-Anis): Val del Rotolone bei Recoaro, Vicentin, Italien. — Belegmaterial (Geol. Inst. Univ. Straßburg) in Verlust geraten. Nach Beschreibung artgleich.

Chaetetes recubariensis SCHAUROTH. — BENECKE 1876: 307, Taf. 23, Fig. 4. — Nähere Beschreibung der 1868 bekanntgemachten Funde.

Chaetetes semseyi VINASSA DE REGNY 1901: 9, Taf. 1, Fig. 14—17. Untere Ober-Trias (Veszpremer Schichten, Tuval, Ober-Karn): Jeruszálemhegy in Veszprém, West-Ungarn. — Nach Untersuchung des Originals (Ungar. Geol. Anstalt Budapest) möglicherweise zu *Pachypora* zu stellen (Wände mit dunkler Mittellinie).

Chaetetes sp. — KÜHN 1935: 127. Obere Mittel-Trias (Ladin): Schneckenberg bei Brasov, Rumänien. — Belegmaterial (Geol. Inst. Univ. Bukarest) nicht entlehnbar, daher nicht überprüfbar.

Chaetetes? triasinus SCHAUROTH 1855: 527. Untere Mittel-Trias (Anis): Recoaro, Vicentin, Italien. — Dasycladaceen-Art (*Teutloporella*), vgl. PIA 1920: 46.

Chaetetiden FRECH 1890: 101, 106. Ober-Trias (Rhätische Zlambach-Schichten): Fischerwiese bei Alt-Aussee, Steiermark und Gebiet westlich der Donnerkogelgruppe, Gosaukamm, Oberösterreich. — Auf Grund der Untersuchung von neu aufgesammeltem Material handelt es sich um Bryozoen (E. FLÜGEL 1961) und Algen (Solenoporaceen, E. FLÜGEL 1960).

Chaetetiden C. RENZ 1910: 552. Ober-Trias (Rhätischer Dachsteinkalk): Gipfel des Parnaß, Griechenland. — Belegmaterial nicht zugänglich.

Defranceia ? azzarolae STOPPANI 1860/65: 91, Taf. 20, Fig. 1. Ober-Trias (Rhät): Azzarola, Lombardei, Italien. — Original nicht zugänglich. Fragliche Bryozoe.

Diastopora? infraliassica STOPPANI 1860/65: 91, Taf. 20, Fig. 2. Ober-Trias (Rhät): Azzarola, Lombardei, Italien. — Original nicht zugänglich. Fragliche Bryozoe.

Dyscritella agischevi NECHOROSHEV 1949: 460, Abb. 1. Ober-Trias (Nor): Gebiet von Kolyma, Sibirien, UdSSR. — Zu *Dyscritella* gehörend.

Fascicularia triasina VINASSA DE REGNY 1901: 16, Taf. 2, Fig. 10—12. Untere Ober-Trias (Veszpremer Schichten, Tuval, Ober-Karn): Jeruszálemhegy in Veszprém, West-Ungarn. — Da das einzige Exemplar (Ungarische Geol. Anstalt Budapest) nicht verschliffen werden konnte, kann die Art nicht verifiziert werden. Es dürfte sich jedoch um Bryozoen handeln.

Favosites? n. sp. GREGORIO 1930: 32, Taf. 17, Fig. 16. Ober-Trias: Sizilien. — Species dubium, vgl. S. 239.

Favosites (*Brignus*) *dispersus* GREGORIO 1930: 32, Taf. 7, Fig. 21—22. Ober-Trias: Sizilien. — Species dubium, vgl. S. 239.

Fenestella cucurbina GREGORIO 1930: 28, Taf. 6, Fig. 25—26. Ober-Trias: Sizilien. — Species dubium, vgl. S. 239.

Flustra elegans MÜNSTER 1841: 32, Taf. 2, Fig. 1. Obere Mittel-Trias (Cassianer Schichten, Ober-Ladin): St. Cassian, Südtiroler Dolomiten. — Nach Untersuchung des Originals (Bayrische Staatssammlung Paläont. Histor. Geol. München) kann die Art möglicherweise der Gattung *Heteropora* BLAINVILLE zugeordnet werden (große Autoporen, zahlreiche kleine Mesoporen).

Lovcenipora chaetetiformis VINASSA DE REGNY 1915: 106, Taf. 67, Fig. 1—4. Ober-Trias (Nor oder Rhät): Südlich Fatu Soeaam, Timor, Indonesien. — Zu *Lovcenipora* gehörend.

Lovcenipora magnopora VINASSA DE REGNY 1915: 107, Taf. 67, Fig. 5—7. Ober-Trias (Nor oder Rhät): Südlich Fatu Soeaam, Timor, Indonesien. — Original (Technische Hochschule Delft) nicht zugänglich. Die Wandstruktur erinnert an Spongien.

Lovcenipora tibetana VINASSA DE REGNY 1932: 194, Taf. 18, Fig. 9—10. Ober-Trias: Tibet, Zentralasien. — Original (Paläont. Inst. Humboldt-Univ. Berlin) nicht auffindbar. Daher nicht überprüfbar, Zugehörigkeit zu *Lovcenipora* fraglich.

Lovcenipora vinassai GIATTINI 1902: 64, Taf. 5, Fig. 1—3, 5—7, Taf. 6, Fig. 1—6. Ober-Trias (Rhät?): Dugi-do bei Niegus, Fuß des Lovcen, Montenegro, Jugoslawien. — Das Original (Geol. Inst. Univ. Bologna?) war nicht zugänglich. Es handelt sich um isolierte, langzylindrische Kolonien aus langen, bödenfreien Zellröhren, die von dicken, deutlich perforierten Wänden begrenzt werden. Die Wände besitzen dornenförmige Fortsätze. Die systematische Stellung von *Lovcenipora* ist umstritten; es dürfte sich um Tabulozoen (Favositidae, Micheliniinae) handeln.

Lovenipora vinassai GIATTINI. — VINASSY DE REGNY 1915: 105, Taf. 66, Fig. 1, 2, 4—7, Fig. 3 (forma *globosa*), Fig. 8 (forma *ramosa*). Ober-Trias (Nor oder Rhät): Insel Timor, Indonesien. — Nach der Untersuchung des Belegmaterials (Geol.-Paläont. Inst. Univ. Bonn) artgleich mit der von GIATTINI (1902) beschriebenen Form.

Lovcenipora vinassai GIATTINI. — SIEBER 1937: 145, Taf. 3, Fig. 7—8. Ober-Trias (Oberrhätischer Riffkalk): Rötelwand bei Hallein, Salzburg, Österreich. — Nach Untersuchung des Belegmaterials (Paläont. Inst. Univ. Wien) nicht mit *L. vinassai* vergleichbar. Es handelt sich um verschieden große Bryozoen-Kolonien, die nur im Rahmen der Offenen Nomenklatur bestimmt werden können.

Lovcenipora vinassai GIATTINI. — SLUIS 1950: 14. Ober-Trias (nicht Ober-Jura, teste WANNER et al. 1952: 57): Ost-Seran, Indonesien. — Belegmaterial nicht zugänglich.

Lovcenipora vinassai GIATTINI forma *ramosa* VINASSA DE REGNY. — DOUGLAS 1929: 646. Ober-Trias (Rhät): Ost-Persien. — Das Belegmaterial war nicht zugänglich.

Lovcenipora vinassai GIATTINI forma *ramosa* VINASSA DE REGNY. — KUTASSY 1935: 493, Abb. 1. Ober-Trias: Bihar-Gebirge, Ungarn. — Belegmaterial nicht zugänglich. Die Abbildung ist nicht sehr überzeugend.

Michelinia? sp. — HAAS 1909: 159, Taf. 6, Fig. 4a, b. Ober-Trias (Rhätische Zlambach-Schichten): Fischerwiese bei Alt-Aussee, Steiermark, Österreich. — Von WEISSERMEL (1926: 93) zu *Beaumontia* gestellt, siehe dort.

Monotrypa böckhiana K. PAPP 1900: 13, Taf. 1, Fig. 4, 4a, 4b, 4c. Untere Ober-Trias (Veszpremer Schichten, Tuval, Ober-Karn): Jeruszálemhegy in Veszprém, West-Ungarn. — Nach Untersuchung des Originals (Ungar. Geol. Anstalt Budapest) eine Art von *Monotrypa* NICHOLSON.

Monotrypa böckhiana K. PAPP. — VINASSY DE REGNY 1901: 11. Untere Ober-Trias (Veszpremer Schichten, Tuval, Ober-Karn): Veszprém, West-Ungarn. — Belegmaterial nicht zugänglich.

Monotrypa böckhiana K. PAPP. — KÜHN in PIA 1937: 96. Obere Mittel-Trias (Cassianer Schichten, Ober-Ladin): Plätzwiesen-Schluderbach bei St. Cassian, Südtiroler Dolomiten. — Belegmaterial nicht zugänglich.

Monotrypa hirsutamuralis K. PAPP 1900: 15, Taf. 1, Fig. 5, 5a, 5b. Untere Ober-Trias (Veszpremer Schichten, Tuval, Ober-Karn): Jeruszálemhegy in Veszprém, West-Ungarn. — Original (Ungar. Geol. Anstalt) derzeit nicht zugänglich. Die beschriebene lamellar-federartige Wandstruktur spricht für eine Einreihung bei den trepostomen Bryozoen.

Monotrypa (*Monotrypella*) *hirsutamuralis* K. PAPP. — VINASSA DE REGNY 1901: 11. Untere Ober-Trias (Veszpremer Schichten, Tuval, Ober-Karn): Veszprém, West-Ungarn. — Belegmaterial nicht zugänglich.

Monotrypa recubariensis SCHAUROTH — SELLI 1938: 9, Taf. 1, Fig. 4—7. Untere Mittel-Trias (Schichten mit *Spirigera trigonella*, unt. Anis): Val Sinello, Vallarsa, Trento, Italien. — Auf Grund der guten Beschreibung und Abbildung mit *Batostomella recubariense* (SCHAUROTH) übereinstimmend. Original im Geol. Institut der Universität Bologna.

Monotrypa pethöi K. PAPP 1902: 197, Abb. 1—5. Untere Ober-Trias (Veszpremer Schichten, Tuval, Ober-Karn): Jeruszálemhegy in Veszprém, West-Ungarn. — Nach Untersuchung des Originals (Ungar. Geol. Anstalt) gleiche Mikrostruktur wie bei *Monotrypa böckhiana*, es fehlen jedoch Acanthoporen; daher ist die Zuordnung zu *Monotrypa* nicht ganz gesichert.

Monotrypa (*Dianulites*) *pappi* VINASSA DE REGNY 1901: 11, Taf. 1, Fig. 1—5. Untere Ober-Trias (Veszpremer Schichten, Tuval, Ober-Karn): Jeruszálemhegy in Veszprém, West-Ungarn. — Das Original (Ungar. Geol. Anstalt) konnte nicht entliehen werden, daher nicht verifizierbar. Nach Beschreibung und Abbildung könnte es sich um eine Form der Cerioporina handeln.

Monotrypa (*Dianulites*) *patera* VINASSA DE REGNY 1901: 12, Taf. 1, Fig. 21—23. Untere Ober-Trias (Veszpremer Schichten, Tuval, Ober-Karn): Schéele-Garten am Jeruszálemhegy in Veszprém, West-Ungarn. — Das Original (Ungar. Geol. Anstalt Budapest) zeigt breite Autoporen mit weitstehenden Diaphragmen und schmale Mesoporen mit engstehenden, verschieden gebogenen Diaphragmen. Die Art ist der Gattung *Heteropora* BLAINVILLE anzuschließen.

Monotrypa (*Diatrypella*) *baconica* VINASSA DE REGNY 1901: 13, Taf. 1, Fig. 24—26. Untere Ober-Trias (Veszpremer Schichten, Tuval, Ober-Karn): Jeruszálemhegy in Veszprém, West-Ungarn. — Nach Untersuchung des Originals (Ungar. Geol. Anstalt Budapest) eher zu den Tabulozoen (fibröse Wandstruktur, Zellröhren-Durchmesser bis 1 mm!) zu stellen als zu Bryozoen.

Monotrypa (*Diatrypella*) *capulus* VINASSA DE REGNY 1901: 13, Taf. 1, Fig. 11—13. Untere Ober-Trias (Veszpremer Schichten, Tuval, Ober-Karn): Jeruszálemhegy in Veszprém, West-Ungarn. — Vom Original (Ungar. Geol. Anstalt Budapest) neu angefertigte Schliffe zeigen, daß das Material zu stark umkristallisiert ist, als daß die von VINASSA DE REGNY beschriebenen Merkmale erkennbar wären. Nicht verifizierbar.

Monotrypa (*Diatrypella*) *decipiens* VINASSA DE REGNY 1901: 13, Taf. 1, Fig. 30—32. Untere Ober-Trias (Veszpremer Schichten, Tuval, Ober-Karn): Jeruszálemhegy in Veszprém, West-Ungarn. — Original (Ungar. Geol. Anstalt) derzeit nicht zugänglich, daher nicht verifizierbar.

Monotrypa (*Monotrypella*) *obumbrata* VINASSA DE REGNY 1907: 12, Taf. 2, Fig. 10—12. Untere Ober-Trias (Veszpremer Schichten, Tuval, Ober-Karn): Jeruszálemhegy in Veszprém, West-Ungarn. —

Original (Ungar. Geol. Anstalt Budapest) nicht zugänglich, daher nicht verifizierbar. Wahrscheinlich zu den Trepostomata gehörend (Feinstruktur der Wand gekennzeichnet durch deutliche Mittelzone).

Monotrypella maorica WILCKENS 1927: 19, Taf. 4, Fig. 4. Untere Ober-Trias (Oretian der Balfour Serie, nach MARWICK 1953: 31, Unter-Karn): Eighth-eight Valley, Wairoa District, Nelson, Neuseeland. — Die Neuuntersuchung des Originals (Geol. Surv. New Zealand, Lower Hutt) und von umfangreichem Vergleichsmaterial aus der neuseeländischen Ober-Trias (Oretian, Oramitan, Kaihikuan) hat gezeigt, daß die Art als Generotypus einer neuen Bryozoen-Gattung zu betrachten ist, die den Trepostomata unterzuordnen ist und bisher mit mehreren Arten aus verschiedenen Stufen der Ober-Trias von Neuseeland, Timor, des Karakorums (?) und aus den nordalpinen Riffkalken nachgewiesen werden konnte.

Monotrypella spongicola VINASSA DE REGNY 1915: 112, Taf. 67, Fig. 13—15. Ober-Trias (Nor oder Rhät): Fatu Soeaam, Timor, Indonesien. — Das Original (TH Delft) konnte nicht entliehen werden, daher nicht verifizierbar.

Monotrypella timorica VINASSA DE REGNY 1915: 111, Taf. 68, Fig. 10—12. Ober-Trias (Nor oder Rhät): Timor, Indonesien. — Auf Grund der Untersuchung des Originals (Geol.-Paläont. Inst. Univ. Bonn) zur gleichen (neuen) Gattung der trepostomen Bryozoen zu stellen wie *Monotrypella maorica* WILCKENS.

Monotrypella (Petalotrypella) deterrai VINASSA DE REGNY 1932: 194, Taf. 18, Fig. 2, Abb. 2. Ober-Trias (?): Nördlicher Karakorum, Profil P. 5814 m, Tibet, Zentralasien. — Das im Paläont. Inst. der Humboldt-Univ. aufbewahrte (?) Original ist derzeit nicht auffindbar. Die Art dürfte zur gleichen (neuen) Gattung gehören wie *Monotrypella maorica* WILCKENS und *Monotrypella timorica* VINASSA DE REGNY.

Monticulipora? n. sp. HAAS 1909: 160. Ober-Trias (Rhätische Zlambach-Schichten): Fischerwiese bei Alt-Aussee, Steiermark, Österreich. — Nach Untersuchung des Originals (Paläont. Inst. Univ. Wien) identisch mit *Solenopora styriaca* E. FLÜGEL (Kalkalge).

Monticulipora recubariense (SCHAUROTH). — NOETH 1929: 141, 143. Untere Mittel-Trias (Illyr): Gipfelpunkt P. 2025, NE Caprile, S Monte Poré, Cordevole-Gebiet, Südtiroler Dolomiten. — Aufbewahrungsort des Belegmaterials unbekannt.

Monticulipora (Heterotrypa) bittneri VINASSA DE REGNY 1901: 10, Taf. 1, Fig. 27—29. Untere Ober-Trias (Veszpremer Schichten, Tuval, Ober-Karn): Jeruszálemhegy in Veszprém, West-Ungarn. —

Nach Untersuchung des Originals (Ungar. Geol. Anstalt Budapest) ist eine Zuordnung zu *Monticulipora* infolge des Fehlens von Cystiphragmen nicht möglich; auch *Heterotrypa* unterscheidet sich durch Ausbildung von polymorphen Zoeecien deutlich. Die multiporöse Wandstruktur und das Fehlen von Mesoporen weisen die Art der Gattung *Ceriopora* GOLDFUSS zu.

Monticulipora (*Heterotrypa*) *hornigi* VINASSA DE REGNY 1901: 10, Taf. 2, Fig. 1—4. Untere Ober-Trias (Veszpremer Schichten, Tuval, Ober-Karn): Jeruszálemhegy in Veszprém, West-Ungarn. — Das Original (Ungar. Geol. Anstalt Budapest) zeigt gleichmäßig über das gesamte Zoarium verteilte Auto- und Mesoporen sowie multiporöse Wände. Die Art ist daher der Gattung *Heteropora* BLAINVILLE zuzuordnen.

Monticulipora (*Monotrypa*) *recubariensis* (SCHAUROTH). — HAUG 1883: 172, Taf. 10, Fig. 1—2. Untere Mittel-Trias (Trigonellenschicht, Mittlerer Alpiner Muschelkalk, unteres Pelson, Anis): Recoaro, Vicentin, Italien. — In gleicher Weise wie das Originalmaterial von *recubariense* SCHAUROTH zur Gattung *Batostomella* zu stellen.

Monticulipora (*Monotrypa*) sp. — HAAS 1909: 161. Ober-Trias (Rhätische Zlambach-Schichten): Fischerwiese bei Alt-Aussee, Steiermark, Österreich. — Nach Untersuchung des Belegmaterials (Paläont. Inst. Univ. Wien) als (nicht näher bestimmbare) Bryozoe zu bezeichnen.

Pachypora? *dubia* VINASSA DE REGNY 1901: 6, Taf. 1, Fig. 33 bis 35. Untere Ober-Trias (Veszpremer Schichten, Tuval, Ober-Karn): Jeruszálemhegy in Veszprém, West-Ungarn. — Das Original (Ungar. Geol. Anstalt Budapest) läßt Merkmale erkennen (fibröse Wandstrukturen, verschieden geformte und verschieden breite, kurze Zellröhren mit Querböden, möglicherweise Wandporen), die an eine Zuordnung der Art zu den Tabulozoen denken lassen. Von *Pachypora* LINDSTRÖM unterscheidet sich die Art durch das Fehlen einer Lamellarstruktur in den Wänden. Möglicherweise gehört die Art zu einer neuen Gattung aus der Verwandtschaft von *Palaeacis* HAIME, *Vaughania* GARWOOD, *Yarworskia* FOMITCHEV etc. (vgl. ALLOITEAU 1952: 506).

Pachypora intabulata WANNER 1907: 184, Taf. 7, Fig. 1—4. Ober-Trias (?): Ost-Serang, Indonesien. — Nach GERTH (1910: 184) und VINASSA DE REGNY (1915: 105) synonym mit *Lovcenipora vinassai* GIATTINI.

Pachypora loczyana VINASSA DE REGNY 1901: 5, Taf. 1, Fig. 6 bis 10. Untere Ober-Trias (Veszpremer Schichten, Tuval, Ober-Karn): Jeruszálemhegy in Veszprém, West-Ungarn. — Nach Untersuchung des Originals (Ungar. Geol. Anstalt Budapest) besitzt die Art Wände mit deutlicher Lamellarstruktur, Vermehrung durch Teilung. Es könnte sich um eine Art von *Pachypora* handeln.

Pachypora oligopora VINASSA DE REGNY 1915: 103, Taf. 68, Fig. 8—9. Ober-Trias (Nor oder Rhät): Fatu Nemassi, Timor, Indonesien. — Original (TH Delft) nicht zugänglich. Wahrscheinlich der Gattung *Lovcenipora* zuzurechnen.

Pachypora triasina VINASSA DE REGNY 1907: 11, Taf. 2, Fig. 6—9. Untere Ober-Trias (Veszpremer Schichten, Tuval, Ober-Karn): Jeruszálemhegy in Veszprém, West-Ungarn. — Original (Ungar. Geol. Anstalt Budapest) derzeit nicht zugänglich. Das Auftreten von perforierten Wänden mit Mittellinie und Sklerenchymanlagerungen spricht für die Zugehörigkeit zu *Pachypora* LINDSTRÖM.

Polypora (?) sp. — VINASSA DE REGNY 1901: 15, Taf. 2, Fig. 20. Untere Ober-Trias (Veszpremer Schichten, Tuval, Ober-Karn): Simogahegy bei Veszprém, West-Ungarn. — Nach der Abbildung handelt es sich um ein Zoarium, das sich aus breiten durch Zwischenstäbe verbundenen Zweigen zusammensetzt. Leider ist nur die untere, porenfreie Seite bekannt, so daß über eine etwaige Zuordnung zu den Fenestellidae nichts Sicheres ausgesagt werden kann. Das Original (Ungar. Geol. Anstalt Budapest) war nicht zugänglich.

Stenopora? kochi VINASSA DE REGNY 1901: 14, Taf. 1, Fig. 18 bis 20. Untere Ober-Trias (Veszpremer Schichten, Tuval, Ober-Karn): Jeruszálemhegy in Veszprém, West-Ungarn. — Das Original (Ungar. Geol. Anstalt Budapest) kann auch nach Anfertigung neuer Dünnschliffe nicht völlig verifiziert werden. Das halbkugelige Zoarium besteht aus Zooecien, die gegen die Peripherie zu divergieren. Die Wände sind unregelmäßig verdickt und bestehen aus federartig angeordneten Lamellen. Diaphragmen, Mesoporen und Acanthoporen fehlen; daher ist eine Zuordnung zu *Stenopora* nicht möglich. Die Beschaffenheit der Zellröhrenwände spricht jedoch für eine Zugehörigkeit zu den Stenoporidae.

Stenopora? n. sp. HAAS 1909: 161, Taf. 6. Ober-Trias (Rhätische Zlambach-Schichten): Fischerwiese bei Alt-Aussee, Steiermark, Österreich. — Nach Untersuchung des Originals (Paläont. Inst. Univ. Wien) identisch mit *Solenopora styriaca* E. FLÜGEL (Kalkalge).

Stomatopora dubia K. PAPP 1900: 23, Taf. 1, Fig. 6, Abb. 3—4. Untere Ober-Trias (Veszpremer Schichten, Tuval, Ober-Karn): Veszprém, West-Ungarn. — Nach Untersuchung des Originals (Ungar. Geol. Anstalt Budapest) der Gattung *Stomatopora* zuzuordnen.

Stomatopora dubia K. PAPP. — VINASSA DE REGNY 1901: 16. Untere Ober-Trias (Veszpremer Schichten, Tuval, Ober-Karn): Veszprém, West-Ungarn. — Belegmaterial nicht zugänglich.

Stomatopora sp. — PRANTL 1938: 263. Ober-Trias (Rhätische Kössener Schichten): Tal der Weißen Waag, SW Hybe, Tatra, ČSR. — Belegmaterial (Narodni Museum Prag) nicht zugänglich.

Syringopora vermicularis KLIPSTEIN 1843: 288, Taf. 19, Fig. 21a, b, c. Obere Mittel-Trias (Cassianer Schichten, Ober-Ladin): St. Cassian, Südtiroler Dolomiten. — Original verschollen. Nach Abbildung möglicherweise Bryozoe.

Tubulitrypa maculata E. FLÜGEL 1961: 270, Taf. 2, Fig. 3, Taf. 3, Fig. 1—3. Ober-Trias (Rhätische Zlambach-Schichten): Rohrmoos W Donnerkogel-Gruppe, Gosaukamm, Dachsteingebiet, Oberösterreich. — Bryozoe von unbekannter systematischer Stellung.

Zlambachella alpina E. FLÜGEL 1961: 267, Taf. 1, Fig. 1—2, Taf. 2, Fig. 1—2. Ober-Trias (Rhätische Zlambach-Schichten): Fischerwiese bei Alt-Aussee, Steiermark, Österreich. — *Zlambachella* gehört auf Grund der Feinstruktur der Zooecien-Wände zu den Stenoporidae.

Systematische Ordnung der triadischen Bryozoen

Unter Berücksichtigung der Klassifikation von BASSLER (1953) sind in der Trias unter den Bryozoen folgende taxionomische Einheiten vertreten:

Cyclostomata BUSK 1852
- Tubuliporina MILNE-EDWARDS 1838
  - Diastoporidae GREGORY 1899
  - *Berenicea* LAMX. 1821
    - *B. hybensis* PRANTL 1938
  - *Stomatopora* BRONN 1825
    - *S. dubia* K. PAPP 1900
    - *S.* sp. — PRANTL 1938
- Cerioporina HAGENOW 1851
  - Heteroporidae WATERS 1880
  - *Heteropora* BALINVILLE 1830
    - *H.* ? *flabellum* (VINASSA DE REGNY 1901)
    - *H.* ? *flustra* (MÜNSTER 1841)
    - *H. hornigi* (VINASSA DE REGNY 1901)
    - *H. patera* (VINASSA DE REGNY 1901)
  - *Ceriopora* GOLDFUSS 1826
    - *C.* ? *baconica* VINASSA DE REGNY 1901
    - *C. bittneri* (VINASSA DE REGNY 1901)
    - *C. cnemidium* (KLIPSTEIN 1843)
    - *C.* ? *orbignyana* (KLIPSTEIN 1843)
    - *C. pannonica* K. PAPP 1900
    - *C. spongicola* VINASSA DE REGNY 1901

Trepostomata ULRICH 1882
Amalgamata ULRICH & BASSLER 1904
Stenoporidae WAAGEN & WENTZEL 1886
Stenopora LONSDALE 1844
S. ? kochi VINASSA DE REGNY 1901
Dyscritella GIRTY 1911
D. agischevi NECHOROSHEV 1949
Zlambachella E. FLÜGEL 1961
Z. alpina E. FLÜGEL 1961
Batostomellidae MILLER 1882
Batostomella ULRICH 1882
B. recubariensis (SCHAUROTH 1855)
Integrata ULRICH & BASSLER 1904
Amplexoporidae MILLER 1889
n. gen. (vgl. S. 235)
n. gen. *maorica* (WILCKENS 1927)
n. gen. *timorica* (VINASSA DE REGNY 1915)
Trematoporidae MILLER 1889
Monotrypa NICHOLSON 1879
M. böckhiana K. PAPP 1900
M. ? pethöi K. PAPP 1902
Familie incertae sedis
Tubulitrypa E. FLÜGEL 1961
T. maculata E. FLÜGEL 1961

Wie die Zusammenstellung zeigt, sind aus der Trias sowohl cyclostome als auch trepostome Bryozoen bekannt. Inwieweit auch Cryptostomata auftreten, wie dies durch die von GREGORIO (1930) und VINASSA DE REGNY (1901) beschriebenen Formen der Fall zu sein scheint (vgl. MOROZOVA 1962: 109, Abb. 1), bleibt offen. Die von GREGORIO aus der sizilianischen Trias beschriebenen Formen sind infolge ihrer sehr allgemein gehaltenen Definition und ihrer sehr schlechten Abbildung einstweilen als species dubia zu betrachten. Da das Originalmaterial in Verlust geraten sein dürfte, werden sie wahrscheinlich aus dem Fossil-Inventar der triadischen Bryozoen gestrichen werden müssen.

Es ist sehr wahrscheinlich, daß sich die Zahl der triadischen Bryozoen-Arten durch Neuuntersuchung der derzeit nicht zugänglichen Originale und durch Beschreibung der in der Literatur lediglich als „Bryozoen und Bryozoen-ähnliche Formen“ vermerkten Vorkommen (z. B. SQUIRES 1956: 6. — Ober-Trias [Nor?]: Idaho, U.S.A.) vergrößern lassen wird. Vergleichsmaterial aus der Mittel-Trias der slowakischen Karpathen (Material M. MAHÉL, Bratislawa) und Aufsammlungen in den obertriadischen Riffkalken der Nordalpen lassen erkennen, daß Bryozoen und Tabulozoen stellenweise zu wesentlichen Bestandteilen der riffbildenden Fauna gehören.

Stratigraphische Verbreitung der triadischen Bryozoen

Wie aus Tabelle 2 hervorgeht, sind aus der untersten Trias bisher keine Bryozoen beschrieben worden.

Lediglich durch TRÜMPY (1960: 100) wurde aus der marinen Unter-Trias von Ostgrönland das häufige Vorkommen von ausgezeichnet erhaltenen Bryozoen vom Typus *Fenestella* und *Stenopora* gemeldet: Diese Bryozoen stammen aus den *Glyptophiceras*- und *Ophiceras*-Schichten des Unter-Skyth. TRÜMPY spricht von einem „Überleben des permischen Benthos", das noch zu einer Zeit vorhanden war, in welcher bereits planktonische Mollusken existierten, die als Zeitsignaturen der ältesten Trias Verwendung finden. Derzeit werden die Bryozoen aus der Unter-Trias von Grönland von amerikanischen Kollegen untersucht.

Die Revision der triadischen Bryozoen zeigt deutlich, daß bis in die Ober-Trias hinein persistente Typen vorhanden waren (*Batostomella, Dyscritella, Monotrypa, Stenopora*), die ihre Blütezeit im Paläozoikum, insbesondere im Jung-Paläozoikum hatten. Die Feststellung bzw. Verifizierung derartiger Gattungen in verschiedenen Stufen der Trias erklärt den „permischen" Charakter der grönländischen Fauna. Nach unseren derzeitigen Kenntnissen müssen wir annehmen, daß die Umprägung der paläozoischen zur mesozoischen Bryozoen-Fauna nicht an der Wende Paläozoikum/Mesozoikum erfolgte, sondern erst im Ladin und Karn, wo die „mesozoischen" Formentypen der Cerioporina an Bedeutung gewinnen.

Aus dem Anis ist mit *Batostomella recubariensis* (SCHAUROTH) nur eine einzige Art bekannt. Dies dürfte in gleicher Weise wie bei Coelenteraten weniger auf das primäre Fehlen von Bryozoen zurückzuführen sein als auf Nichtbeachtung der oft nur unscheinbaren Fossilien.

Häufiger sind Funde im Ladin, insbesondere in den Cassianer Schichten der Südtiroler Dolomiten. Bei den kleinen, meist pilzförmigen Zoarien, die verschiedentlich auch andere Fossilien (Brachiopoden, Korallen, Spongien) inkrustieren, handelt es sich zumeist um Vertreter der Gattungen *Ceriopora* und *Heteropora*.

Die Gruppe der Cerioporina gewinnt im Karn an Bedeutung, wie die von VINASSA DE REGNY (1901, 1907) und K. PAPP (1900, 1902) aus den Veszpremer Schichten West-Ungarns beschriebenen 9 Arten zeigen. In der ungarischen Fauna, die allerdings insgesamt nur etwa 25 (!) Kolonien umfaßt, finden sich außerdem noch einige trepostome Arten und vielleicht auch Vertreter der Fenestellidae.

Tabelle 2. Die stratigraphische Verbreitung der triadischen Bryozoen

	Unter-Trias	Mittel-Trias		Ober-Trias		
	Skyth	Anis	Ladin	Karn	Nor	Rhät
Cyclostomata						
Berenicea hybensis PRANTL 1938 ...						—
Stomatopora dubia K. PAPP 1900 ...				—		
Stomatopora sp. — PRANTL 1938 ...						—
Heteropora ? flabellum (VINASSA 1901)				—		
Heteropora ? flustra (MÜNSTER 1841)			—			
Heteropora hornigi (VINASSA 1901) ..				—		
Heteropora patera (VINASSA 1901)...				—		
Ceriopora ? baconica VINASSA 1901 ..				—		
Ceriopora bittneri (VINASSA 1901)...				—		
Ceriopora cnemidium (KLIPSTEIN 1843)			—	—		
Ceriopora ? orbignyana (KLIPSTEIN 1843)			—			
Ceriopora pannonica K. PAPP 1900 .				—		
Ceriopora spongicola VINASSA 1901 .				—		
Trepostomata						
Stenopora ? kochi VINASSA 1901....				—		
Zlambachella alpina E. FLÜGEL 1961						—
Dyscritella agischevi NECHOROSHEV 1949					—	
Batostomella recubariensis (SCHAUROTH 1855)		—				
„*Monotrypella*" *maorica* WILCKENS 1927			—	—		
„*Monotrypella*" *timorica* VINASSA 1915..................					—	
Monotrypa böckhiana K. PAPP 1900.				—		
Monotrypa ? pethöi K. PAPP 1902 ..				—		
Tubulitrypa maculata E. FLÜGEL 1961................						—

Ladinische und karnische Bryozoen stellen einen qualitativ einheitlichen Faunenbestand dar. Dies zeigt nicht nur das Vorkommen derselben Art in beiden Stufen (*Ceriopora cnemidium* in den Alpen; „*Monotrypella*" *maorica* in Neuseeland), sondern auch das im Ladin und Karn annähernd gleichartige Verhältnis in der Anzahl von cyclostomen und trepostomen Bryozoen. Die Bryozoen der südalpinen Cassianer Schichten stimmen morphologisch gut mit Formen aus dem Karn überein und scheinen so die von Jacobshagen (1961: 478) vorgenommene Einstufung der Cassianer Schichten in das Unter-Karn zu bestätigen.

Aus in ihrem Alter durch Leitfossilien gesicherten Schichten des Nor sind bisher nur aus der UdSSR Bryozoen bekannt geworden, die zu einer typisch jungpaläozoischen Gattung (*Dyscritella*) gehören. Das genaue Alter der bryozoen- und tabulozoenführenden Kalke der Insel Timor (Nor oder Rhät?) ist nicht geklärt.

Die aus dem Rhät beschriebenen Bryozoen stammen aus den korallenführenden Mergelserien der Zlambach-Schichten und der Kössener Schichten. Neben Cyclostomata (Diastoporidae) finden sich die letzten Vertreter der Trepostomata (*Zlambachella*), die zum Teil nur mehr schwer mit jungpaläozoischen Gattungen vergleichbar sind.

Bedingt durch die wenigen Faunenbeschreibungen ist der stratigraphische Wert der triadischen Bryozoen derzeit noch gering:

Ceriopora cnemidium (Klipstein) scheint nur im Karn aufzutreten (wenn man die Cassianer Schichten zum Karn rechnet). Die übrigen Cyclostomata sind bisher nur mit Einzelfunden bekannt geworden und zudem meist recht merkmalsarm. Unter den Trepostomata dürften *Zlambachella* und *Tubulitrypa* im Rhät eine größere horizontale Verbreitung haben; beide Gattungen sind nun sowohl aus dem steirischen als auch aus dem oberösterreichischen Salzkammergut bekannt und *Zlambachella* konnte auch in den Zlambach-Schichten der Plackles-Wiese auf der Hohen Wand, Niederösterreich, nachgewiesen werden (Material Naturhist. Museum Wien, Geol.-Paläont. Abteilung). In den obertriadischen (rhätischen) Riff-Kalken der Nordalpen treten charakteristische Bryozoen-Arten in weiter Verbreitung auf. Es handelt sich ausschließlich um bisher unbekannte Arten.

Phylogenetische Bedeutung der triadischen Bryozoen

Die Revision hat gezeigt, daß die Trepostomata nicht auf das Paläozoikum beschränkt sind, sondern mit persistenten und einzelnen neuen Typen auch noch in der Trias vorhanden waren.

Dieses, durch die Neuuntersuchung eines Großteils der Originale untermauerte Ergebnis steht im Gegensatz zu der allgemein vertretenen Ansicht, wonach die postpaläozoischen „Trepostomata“ nicht als solche anzusprechen seien (BASSLER 1953: 93, A. H. MÜLLER 1958: 276).

Unter den Cyclostomata finden wir neben zwei vom Alt-Paläozoikum bis in die Gegenwart reichenden Gattungen (*Berenicea*, *Stomatopora*) die erstmals in der Trias auftretende Gruppe der Cerioporina.

Möglicherweise sind auch noch cryptostome Bryozoen in der Trias vertreten. Daraufhin weisen die von TRÜMPY (1960) gemeldeten Funde sowie die von VINASSA DE REGNY (1901: 15) als *Polypora* ? sp. beschriebene Form aus den Veszpremer Schichten. Leider ist eine Neuaufsammlung in diesen, für die Kenntnis der triadischen Bryozoen so wesentlichen Schichten nicht mehr möglich, da die Fundstellen heute vollständig verbaut sind (freundliche Mitteilung von Frau Dr. E. VÉGH-NEUBRANDT, Budapest).

Trägt man die Zahl der aus der Trias bekannten trepostomen und cyclostomen Bryozoen in ein Schaubild ein, welches die zeitliche Verbreitung zeigt (wie etwa bei MOORE, LALICKER & FISCHER 1956 Abb. 5—26), so gelangt man bei den triadischen Bryozoen zu ähnlichen Werten für die Zahl der Gattungen wie bei den permischen Formen. Dieses Ergebnis darf jedoch nicht täuschen: Aus dem Perm sind ungleich reichere Bryozoen-Faunen bekannt als aus der Trias, wo bisher nur aus folgenden Schichten artenreichere Bryozoen-Faunen bekannt geworden sind:

Cassiancr Schichten der Südalpen: Die Bryozoen finden sich in Mergeln und Kalken in der Nachbarschaft von ausgedehnten Riffkomplexen.

Mitteltriadische Kalke und Dolomite der slowakischen Karpathen: In von Prof. Dr. M. MAHÉL (Bratislava) zur Bestimmung vorgelegten Proben aus den slowakischen Karpathen (wahrscheinlich Choč-Dolomit, etwa Niveau des nordalpinen Wettersteinkalkes) treten neben Dasycladaceen und Tabulozoen zahlreiche Bryozoen auf, die zumeist den Cerioporina zugerechnet werden müssen.

Ladin und Karn von Neuseeland: Die von WILCKENS (1927) beschriebenen Bryozoen stammen aus grobkörnigen Sandsteinen mit einer reichen Brachiopoden- und Mollusken-Fauna, die faziell an Sedimente des rheinischen Unter-Devons erinnern.

Veszpremer Schichten von West-Ungarn: Hier finden sich die Bryozoen zusammen mit Korallen und Schwämmen in Mergeln, die lithologisch stark an die Mergel der rhätischen Zlambach-Schichten erinnern.

Ober-Trias von Timor: Die von Vinassa de Regny (1915) beschriebenen Bryozoen stammen aus roten und grauen, mikritischen Kalken. Die Bryozoen treten gemeinsam mit Korallen und Schwämmen sowie Algen auf.

Zlambach-Schichten der Nordalpen: Die Bryozoen stammen aus Mergeln, die eine reichhaltige Korallen-Fauna (Frech 1890, Haas 1909) geliefert haben.

Riffkalke der nordalpinen Ober-Trias: In Dachstein-Riffkalken, Oberrhätischen Riffkalken und Rätolias-Riffkalken treten Bryozoen auf, die unter den riffbildenden Organismen quantitativ etwa an dritter und vierter Stelle (nach Korallen, Schwämmen, Hydrozoen und Kalkalgen) stehen.

Die Mehrzahl dieser Faunen stammt aus Riffbereichen; nur bei den Veszpremer Schichten und bei den neuseeländischen Vorkommen ist das Ablagerungsmedium nicht ganz klar — aber auch hier dürfte es sich um Flachwasserbildungen handeln (Vergesellschaftung mit Korallen; dickschalige Mollusken und Brachiopoden). Es ist auffallend, daß alle bisher aus der Trias beschriebenen Bryozoen aus dem Bereich der Tethys und ihrer Nachbargebiete stammen und daß aus der germanischen Trias noch keine Bryozoen bekannt geworden sind. Es ist dies wohl darauf zurückzuführen, daß der im deutschen Zechstein bestehende Riffgürtel in der Trias nach Süden verlagert wurde.

Die phylogenetisch wichtigen „Übergangsformen" zwischen „paläozoischen" und „mesozoischen" Bryozoen dürften daher in den bisher noch nicht bekannten bzw. noch nicht untersuchten untertriadischen und anisischen Riffbildungen der Alpinen Trias zu suchen sein.

Zur Palökologie der triadischen Bryozoen

H. Duncan (1957: 783) nimmt an, daß die triadischen Bryozoen andere Räume bewohnten als im Jungpaläozoikum und daß sie sich in ökologische Nischen zurückgezogen hätten. Da die triadischen Bryozoen in Mollusken- und Korallen-Riff-Faunen nur schlecht vertreten seien, spricht die Autorin von ungünstigen Umweltsbedingungen.

Die Mehrzahl der bisher bekannten triadischen Bryozoen stammt aus mergeligen Schichten: Die Bryozoen treten dort als kleine, massive Zoarien auf oder sie sind auf Korallen (Zlambach-Schichten), Spongien (Veszpremer Schichten, Zlambach-Schichten) oder Brachiopoden (Kössener Schichten) aufgewachsen. In allen bryozoenführenden Mergel-Serien zeigen die Zoarien — soweit sie als isolierte massive Kolonien vorliegen — die gleiche Wuchsform. Sie sind pilzförmig oder regelmäßig knollenförmig (mit ovalem Grundriß) und ihr größter Durchmesser überschreitet nur sehr selten 20 mm. Insbesondere die zu den Cerioporina gehörenden Arten aus den Cassianer Schichten, Raibler Schichten und aus den Veszpremer Mergeln zeigen sehr ähnliche Wuchsformen; die Kolonien erreichen nie die Größe von jungmesozoischen oder känozoischen Cerioporen. Arten mit einem ramosen Zoarium sind sehr selten (*Stenopora ? kochi*), ebenso uniserial gebaute, verzweigte Zoarien von cyclostomen Bryozoen (*Stomatopora*, *Berenicea*). Bei letzteren hat K. Papp (1900) das gemeinsame Vorkommen von Hexakorallen und von zwei verschiedenen Bryozoen-Arten beschrieben.

Im allgemeinen finden sich die Bryozoen in den korallenführenden Mergel-Serien (Veszpremer Schichten, Zlambach-Schichten) in Faunen, die zahlreiche Korallen, Schwämme, seltene Tabulozoen und vereinzelt auch Algen (wie in den Cassianer und Zlambach-Schichten) enthalten. In den Kössener Schichten und in den Raibler Schichten treten sie zusammen mit Brachiopoden auf.

In Kalken sind triadische Bryozoen meist nur in Dünnschliffen erkennbar und daher noch wenig bekannt. Pilzförmige massive Zoarien scheinen in den Hintergrund zu treten. Die aus den Korallen-Spongien-Tabulozoen-Kalken der Insel Timor und des Karakorum bekannten Bryozoen besitzen ramose Zoarien, die nicht länger als 15 mm werden. Bisher sind gleichartige ramose Zoarien außer aus Kalken nur aus den Brachiopoden-Sandsteinen von Neuseeland bekannt.

Die neuseeländischen Bryozoen finden sich als Abdrücke und Steinkerne in grobkörnigen, von Quarzgeröllen erfüllten Brachiopoden-Sandsteinen. Sie treten oft in der Kielregion der Brachiopoden und auf den Innenflächen der Klappen auf, was dafür spricht, daß die Besiedlung der Brachiopoden-Schalen erst nach deren Absterben erfolgt ist. Die neuseeländische Fauna ist die einzige triadische aus klastischen Sedimenten stammende Fauna.

Wir können also feststellen, daß in Mergeln und Kalken verschiedene durch die Gestalt der Zoarien unterschiedene Formen auftreten und daß sich die ramosen Zoarien sowohl in kalkigen als auch in sandigen Schichten finden. Diese Feststellung, die auch durch das Fehlen von identischen Formen in Kalken und Mergeln unterstrichen wird (Tab. 2), ist für die Bestimmung von Bryozoen aus den obertriadischen Riffkalken von Bedeutung, da es demnach wenig wahrscheinlich ist, daß die oft nur in Zoarien-Fragmenten vorliegenden Bryozoen der Dachstein-Riffkalke und der „Hallstätter Riffkalke" der Hohen Wand (Kristan 1958: 263) zu Arten gehören, die aus Mergelserien beschrieben wurden. Es ist daher nicht zu erwarten, daß man in obertriadischen Riffkalken Arten aus den Zlambach-Schichten antrifft.

Die Revision der triadischen Bryozoen hat gezeigt, daß die Ansichten von DUNCAN nur teilweise zutreffen. Bei der Mehrzahl der untersuchten Zoarien handelt es sich um vollkommen ausgebildete regelmäßig gewachsene Kolonien von bei allen Exemplaren gleicher Maximalgröße. Ungünstige Umweltsbedingungen müßten ein unterschiedliches und deutlich gestörtes Wachstum bedingt haben, das sich in unregelmäßig knollenförmigen Zoarien mit Wachstumsunterbrechungen dokumentiert. Selbstverständlich deutet die geringe Größe der Zoarien auf das Fehlen optimaler Bedingungen hin; für die Annahme von ökologischen Nischen besteht jedoch wenig Grund, da die Vergesellschaftung der triadischen Bryozoen im Prinzip die gleiche ist wie die der jungpaläozoischen Faunen. Auch die triadischen Bryozoen treten — im Gegensatz zu DUNCAN (1957) — in Riffbereichen auf, die für die Entwicklung der Gruppe die gleichen günstigen Voraussetzungen geschaffen haben müßten wie im Jungpaläozoikum. Wenn die Bryozoen in den Riffen der Trias trotzdem keine wesentliche Rolle spielen, so sind die Gründe hierfür wohl nicht in einem Rückzug in ökologische Nischen zu suchen, sondern in der während der Trias erfolgenden phylogenetischen Umprägung dieser Gruppe.

Die Tabulozoen der Trias

Tabelle 3 gibt eine Zusammenstellung der aus der Trias bekannten Organismenreste, die auf Grund ihres Aufbaues aus tabulierten und zum Teil perforierten Zellröhren als Tabulozoen (KÜHN 1942: 116) anzusprechen sind. Trotzdem auch hier die Merkmalsarmut eine sichere Entscheidung über die systematische Stellung der Arten erschwert, können die als *Lovcenipora* und *Chaetetes* beschriebenen Formen mit großer Wahrscheinlichkeit als Tabulozoen bezeichnet werden. Aus dem jüngeren Mesozoikum ist eine beträchtliche Anzahl von Organismenresten den Tabulaten zugeschrieben worden (vgl. Zusammenstellung bei HERITSCH 1917, WEISSERMEL 1926); die Verifizierung von triadischen Tabulozoen scheint die Vorstellungen von WEISSERMEL (1926) zu bestätigen, wonach die Tabulaten die Grenze Paläozoikum/Mesozoikum überschreiten.

Jedoch kann dies nicht mit der gleichen Sicherheit behauptet werden wie zum Beispiel bei den Trepostomata. Bei einigen triadischen Tabulozoen (*Beaumontia ? haasi*, *Lovcenipora oligopora*) ist das Originalmaterial nicht zugänglich, bei anderen Formen steht das stratigraphische Niveau der Fundschichten nicht fest (*Chaetetes deterrai*, *Lovcenipora ? tibetana*). Die als Pachyporen bestimmten Arten sind nicht sehr gut erhalten, zeigen jedoch die kennzeichnende Wandstruktur und einen Innenbau, der bei paläozoischen Formen zur Bestimmung als *Pachypora* führen würde.

Tabelle 3. Die Tabulozoen der Trias

	Unter-Trias	Mittel-Trias		Ober-Trias		
	Skyth	Anis	Ladin	Karn	Nor	Rhät
Beaumontia ? haasi[2] WEISSERMEL 1926						—
Chaetetes deterrai GERTH 1938					? —	
Lovcenipora chaetetiformis VINASSA 1915					—	
Lovcenipora oligopora (VINASSA 1915)					—	
Lovcenipora ? tibetana VINASSA 1932					? —	
Lovcenipora vinassai GIATTINI 1902					? —	—
Pachypora ? dubia VINASSA 1901				—		
Pachypora ? loczyana VINASSA 1901				—		
Pachypora ? semseyi (VINASSA 1901)				—		
Pachypora triasina VINASSA 1907				—		

[2] Vgl. S. 227.

Als in ihrer systematischen Stellung ziemlich sichere Tabulozoe darf *Lovcenipora vinassai* angesehen werden. Die großen, aus tabulierten Zellröhren mit deutlich perforierten Wänden aufgebauten Kolonien dürften als Favositiden anzusprechen sein. Ein Vergleich mit den bei BRANSON (1948) verzeichneten permischen Tabulaten ist nicht möglich. Die aus dem Perm von Timor (BASSLER 1929) und aus der Sosio-Stufe von Sizilien bekannten Tabulaten-Faunen beinhalten vollkommen abweichende Typen.

Die von HUDSON (1953: 615) erwogene Einordnung von *Lovcenipora* bei den Hydrozoen muß abgelehnt werden, da der Wandbau und das Fehlen von Astrorhizen sowie von Horizontallagen gegen einen derartigen Vergleich sprechen.

Akzeptiert man die in Tabelle 3 verzeichneten Arten als Tabulozoen, so wären aus der Trias sowohl Favositidae (*Beaumontia* ?, *Lovcenipora, Pachypora*) als auch Chaetetidae (*Chaetetes*) bekannt.

Ähnlich wie auch bei anderen Fossilgruppen stellt sich der Zuordnung von triadischen Funden zu den Tabulozoen die starre Vorstellung von einem Aussterben der Tabulaten am Ende des Paläozoikums entgegen. Am Beispiel der Bryozoen konnte gezeigt werden, daß hier „paläozoische" Gruppen die Grenze Paläozoikum/Mesozoikum überschreiten[3]; ähnliches ist bei verschiedenen Algengruppen (Dasycladaceen) und in letzter Zeit auch bei rugosen Korallen bekannt geworden, wo Plerophyllen aus der Unter-Trias des Djoulfa-Profiles beschrieben wurden (ILJINA 1962). Auch bei Tabulaten bzw. Tabulozoen scheint sich die Umprägung der Fauna nicht in einem vollständigen Aussterben am Ende des Paläozoikums zu äußern, sondern in einer radikalen Verarmung der Fauna, die dazu führte, daß nur einige persistente Formen die Zeitgrenze überschritten und daß in der Trias einige wenige neue Formen-Typen (*Lovcenipora*) geschaffen wurden. Persistente Tabulozoen konnten mit Chaetetiden und Lovceniporen in rhätischen Riffkalken der nordalpinen Ober-Trias nachgewiesen werden. Die Beschreibung dieser neuen Arten erfolgt an anderer Stelle.

Literatur

ALLOITEAU, J.: Coelentérés. — In PIVETEAU, J.: Traité de Paléontologie, *1*, 782 S. Paris (Masson & Cie.) 1952.

BASSLER, R. S.: The Permian Bryozoa of Timor. — Palaeont. Timor, *16*, 28, 37—90, Taf. 225—247. Stuttgart 1929.

— Bryozoa. — Treatise on Invertibrate Palaeontology, part G, 253 S., 175 Abb. Lawrence (Kansas Press) 1953.

BENECKE, E. W.: Über einige Muschelkalk-Ablagerungen der Alpen. — Geognost.-Palaeont. Beiträge, *2*, 1, 67 S., 4 Taf. München (Oldenbourg) 1868.

— Über die Umgebungen von Esino in der Lombardei. — Geognost.-Palaeont. Beiträge, *2*, 3, 257—317. München (Oldenbourg) 1876.

BOLTON, TH. E.: Additional *Arcticopora* from the Triassic of Northwestern Ellesmere Island. — Proc. Geol. Ass. Canada *13*, 55—56. Ottawa 1961.

BRANSON, C. C.: Bibliographic Index of Permian Invertebrates. — Mem. Geol. Soc. America, *25*, 1049 S. Baltimore 1948.

DIENER, C.: Cnidaria triadica. — Foss. Cat., *13*, 46 S. Berlin (Junk) 1920.

[3] Dies wird auch durch die in dieser Arbeit nicht mehr berücksichtigte Beschreibung trepostomer Bryozoen aus der Trias von Ellesmere Island (Arktis) bestätigt (M. A. FRITZ 1961; TH. E. BOLTON 1961). Die von FRITZ vorgeschlagene neue Gattung *Arcticopora* mit der Art *A. christiei* FRITZ dürfte in die Familie Stenoporidae einzureihen sein.

DOUGLAS, J. A.: A marine Triassic fauna from eastern Persia. — Quart. J. Geol. Soc., *85*, 624—648, Taf. 42—46. London 1929.

DUNCAN, H.: Bryozoans. — Treatise on Marine Ecology and Palecology. Mem. Geol. Soc. America, *67*, 2, 783—799. New York 1957.

FLÜGEL, E.: Solenoporaceen (Algae) aus den Zlambach-Schichten (Rhät) der Fischerwiese bei Alt-Aussee, Steiermark. — N. Jb. Geol. Paläont., Mh., *1960*, 339—354, 3 Abb. Stuttgart 1960.

— Bryozoen aus den Zlambach-Schichten (Rhät) des Salzkammergutes, Österreich, — S.-B. Österr. Akad. Wiss., math.-naturwiss. Kl., *171*, 1—13, Taf. 1—3, 3 Abb. Wien 1961.

FRECH, F.: Die Korallen der Trias. I. Die Korallen der juvavischen Triasprovinz. — Palaeontographica, *37*, 1—116, Taf. 1—21. Stuttgart 1890.

FRITZ, M. A.: A new Bryozoan genus from Lake Hazen, Northeastern Ellesmere Island. — Proc. Geol. Ass. Canada, *13*, 53—55, 3 Taf. Ottawa 1961.

GERTH, H.: Fossile Korallen von der Molukkeninsel Buru nebst einigen Bemerkungen über die phylogenetischen Beziehungen der Gattung Alveopora. — N. Jb. Min. etc., *1910*/II, 16—28, 5 Abb. Stuttgart 1910.

— Permkorallen aus dem östlichen Karakorum und Triaskorallen aus dem nordwestlichen Himalaya. — Palaeontographica, A, *88*, 230—237, Taf. 15. Stuttgart 1938.

GIATTINI, G. B.: Fossili del Lovcen nel Montenegro. — Riv. Ital. Paleont. Strat., *8*, 62—66, Taf. 5—6. Bologna 1902.

GREGORIO, A.: Fossili triassici delle cave di Billiemi presso Palermo conservati nel mio privato gabinetto geologico. — Ann. Geol. Paleont., *54*, 1—40, 7 Taf. Paris 1930.

HAAS, O.: Bericht über neue Aufsammlungen in den Zlambachmergeln der Fischerwiese bei Alt-Aussee. — Beitr. Geol. Paläont. Österr.-Ungarn und des Orients, *22*, 143—162, Taf. 5—6. Wien 1909.

HAUG, E.: Über sogenannte *Chaetetes* aus mesozoischen Ablagerungen. — N. Jb. Min. etc., *1883*, I, 171—179, Taf. 10. Stuttgart 1883.

HERITSCH, F.: Eine neue Tabulate aus dem Lias des Col Santo. — Mitt. Geol. Ges. Wien, *10*, 194—217, Taf. 4. Wien 1917.

HUCKRIEDE, R.: Trias, Jura und tiefe Kreide bei Kaisers in den Lechtaler Alpen (Tirol). — Verh. geol. Bundesanst., *1959*, 1, 44—92. Wien 1959.

HUDSON, R. G. S.: The systematic position of the Mesozoic stromatoporoid *Cladocoropsis* Felix, 1907. — Ann. Mag. Nat. Hist., 12, *6*, 615—619. London 1953.

ILJINA, T.: (Some members of the Family Plerophyllidae from the Permian-Triassic boundary beds of Dzhulfa.) — Paleont. Schurnal, *1962*, 4, 70—82, Taf. 1—2. Moskau 1962 (russ.).

JACOBSHAGEN, V.: Zur Gliederung der mediterranen Trias. I. Die Grenze Ladin/Karn. — N. Jb. Geol. Paläont., Mh., *1961*, 477—483, 2 Tab. Stuttgart 1961.

KLIPSTEIN, A.: Beiträge zur Kenntnis der östlichen Alpen. — 311 S., 20 Taf. Gießen (F. Heyer) 1843.

KRISTAN, E.: Geologie der Hohen Wand und des Miesenbachtales (Niederösterreich). — Jb. geol. Bundesanst. Wien, *101*, 2, 249—291, Taf. 22—23, 3 Abb. Wien 1958.

Kühn, O.: Die Anthozoen, Hydrozoen, Tabulaten und Bryozoen der Trias von Brasov (Kronstadt). — Anuarul Inst. geol. Romaniei, *17*, 109—132, Taf. 1. Bukarest 1936.

— Zur Kenntnis des Rhät von Vorarlberg. — Mitt. alpenländ. geol. Vereinigung, *33*, 111—157, 2 Taf., 6 Abb. Wien 1942.

Marwick, J.: Divisions and faunas of the Hokonui System (Triassic and Jurassic). — New Zealand Geol. Surv., Palaeont. Bull., *21*, 131 S., 3 Abb., 17 Taf., 1 Tab. Lower Hutt 1953.

Moore, R. C., Lalicker, C. G. & Fischer, A. G.: Invertebrate Fossils. — 766 S. New York (McGraw Hill) 1952.

Morozova, I. P.: (On the systematics and phylogeny of Fenestelloidea.) — Paleont. Schurnal, *1962*, 4, 104—115, 2 Abb. Moskau 1962 (russ.).

Müller, A. H.: Lehrbuch der Paläozoologie. II. Invertebrata. Teil 1. Protozoa — Mollusca 1. — 566 S., 652 Abb. Jena (Fischer) 1958.

Münster, G. v.: Beiträge zur Petrefactenkunde des südöstlichen Tirols vorzüglich der Schichten von St. Cassian. — 152 S., 16 Taf. Bayreuth (Buchner) 1841.

Nechoroshev, V. P.: (Der erste Nachweis triadischer Bryozoen in der SSSR.) — C. R. Acad. Sci. SSSR, *66*, 3, 459—461, 1 Abb. Moskau 1949 (russ.).

Nicholson, H. A.: Tabulate Corals of the Palaeozoic Period. — 342 S., 15 Taf. London (Blackwood) 1879.

— On the structure and affinities of the genus *Monticulipora* and its subgenera. — 240 S., 5 Taf., 50 Abb. Edinburgh-London (Blackwood & Sons) 1881.

Noeth, L.: Geologie des mittleren Cordevolegebietes zwischen Vallazza und Cencenighe (Dolomiten). — Jb. geol. Bundesanst., *79*, 129—202, 1 geol. Karte, 1 Profil-Tafel, 20 Abb. Wien 1929.

Ogilvie-Gordon, M.: Geologie von Cortina d'Ampezzo und Cadore. — Jb. geol. Bundesanst., *83/84*, 59—215, 17 Taf., 32 Abb., 1 geol. Karte. Wien 1934.

Osswald, K.: Das Risserkogelgebiet (Geologie der Berge südlich Tegernsee). — Geognost. Jh., *37*, 111—116, 1 geol. Karte, 3 Profile, 3 Taf. München 1924.

— Über einige Rhätfossilien aus dem Risserkogel-Gebiet (südlich Tegernsee). — Jb. preuß. geol. Landesanst. f. 1929, *50*/2, 733—750, 3 Abb., Taf. 53. Berlin 1930.

Papp, K.: Trias-Korallen aus dem Bakony. — Resultate wiss. Erforsch. Balatonsees, Palaeont., *1*, 23 S., 4 Abb., 1 Taf. Wien 1900.

— Über triadische Tabulaten. — Fäldt. Közl., *32*, 247—252, 1 Abb. Budapest 1902.

Pia, J.: Die Siphoneae verticillatae vom Karbon bis zur Kreide. — Verh. zool.-botan. Ges., Abh., *11*, 2, 263 S., 8 Taf. Wien 1920.

— Stratigraphie und Tektonik der Pragser Dolomiten in Südtirol. — 248 S., 14 Taf. Wien 1937.

Prantl, F.: Erster Fund von Bryozoen in dem karpathischen Rhät. — Zentralbl. Min. etc., B, 262—264, 1 Abb. Stuttgart 1938.

Renz, C.: Stratigraphische Untersuchungen im griechischen Mesozoikum und Paläozoikum. — Jb. geol. Reichsanst., *60*, 421—636, 38 Abb., Taf. 18—22. Wien 1910.

— Beiträge zur Geologie der Kykladeninsel Amorgos. — Eclogae geol. Helvet., *26*, 2, 131—154, 1 Abb. Basel 1933.

Schauroth, K. v.: Übersicht der geognostischen Verhältnisse der Umgebung von Recoaro im Vicentinischen. — S.-B. Akad. Wiss. Wien, math.-naturwiss. Kl., *17*, 481—562, 1 Karte, 3 Taf. Wien 1855.

— Kritisches Verzeichnis der Versteinerungen der Trias im Vicentinischen. — S.-B. Akad. Wiss., math.-naturwiss. Kl., *34*, 283—356, 3 Taf. Wien 1859.

Selli, R.: Faune dell'Anisico inferiore della Vallarsa (Trentino). — Giorn. Geol., Ann. Mus. Geol. Bologna, 2, *12*, Jg. 1937, 1—86, 2 Tab., 2 Taf. Bologna 1938.

Sieber, R.: Neue Untersuchungen über die Stratigraphie und Ökologie der alpinen Triasfaunen. I. Die Fauna der nordalpinen Rhätriffkalke. — N. Jb. Min. etc., B, *78*, 123—188, Taf. 2—5, 5 Abb. Stuttgart 1937.

Sluis, J. P.: Geology of East Seran. — In Rutten & Hotz: Geol., Petrograph. and Palaeont. Results etc. Ceram, *3*, Ser. Geol., No. 3. Amsterdam 1950.

Squires, D. F.: A new Triassic coral fauna from Idaho. — Amer. Mus. Novitates, *1797*, 27 S., 53 Abb. New York 1956.

Stoppani, A.: Géologie et Paléontologie des couches à Avicula contorta en Lombardie. — 267 S., 54 Taf. Milano (Bernardoni) 1860—1865.

Toula, F.: Geologische Untersuchungen im östlichen Balkan. — Denkschr. Akad. Wiss. Wien, *47*, 323—400, 7 Taf. Wien 1890.

Trümpy, R.: Über die Perm-Trias-Grenze in Ostgrönland und über die Problematik stratigraphischer Grenzen. — Geol. Rundschau, *49*, 97—111. Stuttgart 1960.

Vinassa de Regny, P.: Trias-Tabulaten, Bryozoen und Hydrozoen aus dem Bakony. — Resultate wiss. Erforsch. Balatonsee, *1*, 1, 1—22, 3 Taf. Wien 1901.

— Neue Schwämme, Tabulaten und Hydrozoen aus dem Bakony. — Resultate wiss. Erforsch. Balatonsee, *1*, 3, 1—17, 4 Taf. Wien 1907.

— Triadische Algen, Spongien, Anthozoen und Bryozoen aus Timor. — Paläont. Timor, 4, *8*, 75—118, Taf. 63—72. Stuttgart 1915.

— Hydrozoen und Korallen aus der oberen Trias des Karakorum. — In Trinkler, E. & Terra, H. de: Wissenschaftliche Ergebnisse der Dr. Trinklerischen Zentralasien-Expedition, *2*, 192—196, 6 Abb., Taf. 18—20. Berlin (Reimer/Vohsen) 1932.

Wanner, J.: Geologische Mitteilungen aus dem Indo-Australischen Archipel. IV. Triaspetrefakten der Molukken und des Timorarchipels. — N. Jb. Min. etc., B, *24*, 161—220, 4 Abb., Taf. 7—12. Stuttgart 1910.

Wanner, J., Knipscheer, H. C. G. & Schenk, E.: Zur Kenntnis der Trias der Insel Seran (Indonesien). — Eclogae geol. Helvet., *45*, 53—84, 3 Abb., Taf. 3—4. Basel 1952.

Weissermel, W.: Die Korallen des deutschen Muschelkalkes. I. Unterer Muschelkalk. — Jb. preuß. geol. L.-A. f. 1925, *46*, 1—33, Taf. 1—2. Berlin 1926 (a).

Weissermel, W.: Neues über Tabulaten, Hydrozoen und eine Hexakoralle aus dem Tertiär der Bogenfelser Diamantenfelder. — In Kayser, E.: Die Diamantenwüste Südwestafrikas, *2*, 88—106, Taf. 35—38, Texttaf. C. Berlin 1926 (b).

Wilckens, O.: Contributions to the Palaeontology of the New Zealand Trias. — New Zealand Geol. Surv., Palaeont. Bull., *12*, 65 S., 10 Taf. Wellington 1927.

Woehrmann, S. v.: Die Fauna der sogenannten Cardita- und Raibler-Schichten in den Nordtiroler und bayrischen Alpen. — Jb. geol. Reichsanst., *39*, 181—258, 6 Taf. Wien 1889.

Nachtrag: Nach Abschluß der Arbeit wurde durch O. F. Lazutkina (1963) eine weitere trepostome Bryozoe aus den untertriadischen Schichten des Beckens von Dulgalakh, Jakutien, UdSSR beschrieben (*Batostomella jakutica* Lazutkina). Dieser Fund bestätigt die in vorliegender Revision gemachten Feststellungen, wonach „paläozoische" Bryozoen-Gruppen die Zeitgrenze Perm/Trias überschreiten (vgl. S. 240).

Literatur:

Lazutkina, O. F.: (Discovery in the Triassic of a Bryozoa belonging to the Palaeozoic genus *Batostomella*). — Paleont. Shurnal, 1963, 4, 126—128, 1 Abb. Moskau 1963 (russ. mit engl. Titel).

Die in den Sitzungsberichten Abtlg. I und Abtlg. II der math.-nat. Klasse der Österr. Ak. d. Wiss. erscheinenden Abhandlungen werden auch einzeln abgegeben. Sie können durch jede Buchhandlung oder direkt durch die Auslieferungsstelle der Österreichischen Akademie der Wissenschaften (Wien I, Singerstraße 12) bezogen werden.

Nachfolgende Abhandlungen aus dem Fache **Botanik** (Biologie) sind erschienen:

1957 (S I Bd. 166):

Politis J.: Über die „Tanninoplasten" oder Gerbstoffbildner der Crassulaceae (mit 2 Textabbildungen und 1 Tafel). S 6.—

Politis J.: Über einen neuen Pflanzenfarbstoff in den Blüten einiger Verbascum-Arten (mit 2 Tafeln). S 5.20

Übeleis Ilse: Osmotischer Wert, Zucker- und Harnstoffpermeabilität einiger Diatomeen (mit 1 Textabbildung). S 30.40

1958 (S I Bd. 167):

Höfler Karl: Permeabilitätsstudien an Parenchymzellen der Blattrippe von Blechnum spicant (mit 5 Textabbildungen). S 45.—

Rechinger K. H., Dulfer H. und Patzak A.: Širjaevii fragmenta astragalogica IV. S 38.10

Url Walter: Zur Wirkung der Atmungsgifte Natriumazid und Dinitrophenol auf die Permeabilität von Blechnum spicant-Zellen (mit 3 Textabbildungen). S 25.—

Wawrik Friederike: Hochgebirgs-Kleingewässer im Arlberggebiet III (mit 3 Textabbildungen und 1 Tafel). S 18.90

1959 (S I Bd. 168):

Biebl Richard: Röntgenstrahlenwirkungen auf Commelinaceenstecklinge (Total- und Partialbestrahlungen) (mit 9 Tabellen und 5 Textabbildungen). S 31.20

Höfler Karl: Über die Gollinger Kalkmoosvereine (mit 1 Textabbildung und 1 Tafel). S 34.50

Höfler Karl und Fetzmann Elsa Leonore: Algen-Kleingesellschaften des Salzlackengebietes am Neusiedler See I (mit 1 Tafel). S 21.50

Hustedt Friedrich: Die Diatomeenflora des Salzlackengebietes im österreichischen Burgenland (mit 31 Textabbildungen und 1 Tafel). S 53.90

Luhan Maria: Zur Wurzelanatomie unserer Alpenpflanzen. IV. Compositae (mit 9 Textabbildungen und 4 Tafeln). S 36.90

Pfoser Karl: Vergleichende Versuche über Verholzungsreaktionen und Fluoreszenz (mit 2 Textabbildungen und 2 Tafeln). S 18.70

Rechinger K. H., Dulfer H. und Patzak A.: Širjaevii fragmenta astragalogica. S 29.40

Wendelberger Gustav: Die Vegetation des Neusiedler See-Gebietes. S 7.20

1960 (S I Bd. 169):

Bolay Erika: Die Vitalfärbung voller Zellsäfte und ihre cytochemische Interpretation (mit einer Textabbildung und 5 Tafeln). S 49.—

Ehrendorfer F.: Neufassung der Sektion Lepto-Galium Lange und Beschreibung neuer Arten und Kombinationen (zur Phylogenie der Gattung Galium, VII). S 12.—

Franz Gertrude: Die Mikroflora einiger Standorte im Leithagebirge in ihrer Abhängigkeit von Boden und Vegetationsdecke (mit 22 Textabbildungen). S 88.—

Pruzsinszky S.: Über Trocken- und Feuchtluftresistenz des Pollens (mit 12 Abbildungen auf 6 Tafeln). S 63.40

1961 (S I Bd. 170):

Fetzmann Elsalore, Vegetationsstudien im Tanner Moor (Mühlviertel, Oberösterreich) (mit 2 Textabbildungen und 2 Tafeln). S 170–3, S 23.–

Pruzsinszky Siegfried und Url Walter, Ein Beitrag zur Desmidiaceenflora des Lungaues. S 170–1, S 9.–

Rechinger K. H., Dufler H. und Patzak A., Širjaevii fragmenta astragalogica XIII. bis XVII. Teil. S 170–2, S 56.–

1962 (S I Bd. 171):

Niklfeld Harald, Über die Pflanzengesellschaften der Fels- und Mauerspalten Südfrankreichs (mit 1 Textabbildung und 1 Falttabelle) 171–23, S 52.–

Url Walter, Permeabilitätsversuche an Stengelepidermiszellen von Gentiana germanica und Gentiana ciliata (mit 3 Textabbildungen) 171–16, S 40.–

www.ingramcontent.com/pod-product-compliance
Ingram Content Group UK Ltd.
Pitfield, Milton Keynes, MK11 3LW, UK
UKHW021931190726
13853UKWH00002B/976

* 9 7 8 3 6 6 2 2 3 1 1 5 9 *